RECHERCHES SUR LA COMETE

des Années 1531, 1607, 1682 et 1759,

pour servir de Supplement à la Theorie, par laquelle on avoit annoncé en 1758 le tems du retour de cette Comète.

Sunt operosa quidem, sed non operosa volenti.

VIRGIL.

Piéce de Mr. CLAIRAUT, de l'Academie Royale des Sciences de Paris, et de celles de S. Petersbourg, de Londres, de Berlin, de l'Institut de Bologne, des Societés d'Edimbourg et d'Upsal,

qui a remporté le prix proposé par l'Academie Imperiale des Sciences de S. Petersbourg pour l'année 1761.

adjugé le 23. Septembre 1762.

à St. Petersbourg,

de l'Imprimerie de l'Academie Imperiale des Sciences,

1762.

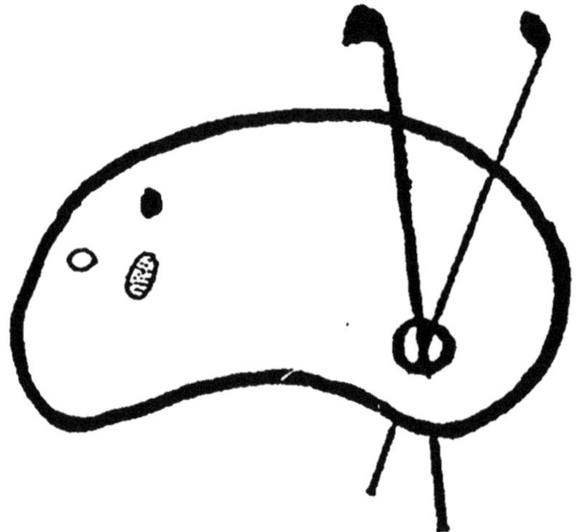

Dans un Memoire lû à l'assemblée publique de l'Academie Royale des Sciences de Paris, le 14. Nov. 1758, on donna une idée des opérations qu'exigeoit la détermination du retardement entier que les Planétes de Jupiter et de Saturne avoient dû causer au mouvement de la Cométe de 1682. Après une courte exposition de la methode que l'auteur avoit suivie, il dit que le resultat de ses calculs indiquoit que la Cométe attenduë alors depuis plus d'un an, devoit passer à son Perihélie vers le milieu d'Avril suivánt; mais il mit en même tems cette restriction à son annonce, que les quantités negligées dans le calcul par la nature du Probléme, laissoient une incertitude qui pouvoit aller à un mois, difference qui s'étoit déja trouvée entre la Theorie et les Observations, quant à la comparaison des deux Periodes précédentes de la même Cométe.

La Cométe, ayant passé à son Perihélie vers le milieu de Mars a justifié l'annonce du Géometre qui l'avoit calculée, d'une maniere plus que suffisante pour donner de la confiance aux principes qu'il avoit employés, et pour confirmer l'universalité de la loi de l'Attraction. Mais quelques uns des Elémens du Probléme étant mieux connus, soit par cette premiere solution, soit par les Observations astronomiques faites en 1759, on a dû esperer que la Theorie pourroit se rectifier sur plusieurs points, qui la rapprocheroient des Phenoménes.

C'est sans doute dans la vuë d'augmenter cet accord que l'illustre Academie Imperiale de Petersbourg en a fait le sujet du prix dont il est question maintenant, sujet véritablement important pour la Phisique céleste.

Son utilité avoit tellement frappé l'auteur du Memoire dont nous avons parlé, qu'il recommença, comme on peut le voir dans sa Theorie publiée au commencement de 1760, beaucoup

de

de calculs pour perfectionner ses premieres determinations. Ces nouvelles opérations avoient apportées 10 ou 11 jours de correction sur le tems du passage au Perihélie. Ce qui reduisoit à une vingtaine de jours la difference du Calcul à l'Observation.

Il paroît par les dates, que l'Ouvrage où se trouvent ces nouvelles corrections, n'étoit pas parvenu à Petersbourg lorsqu'on y a proposé un prix pour celui qui reussiroit le mieux à montrer l'accord de la Theorie avec les Phenoménes. Mais quand même il y auroit été connu, on ne pourroit qu' applaudir aux vues de l'Illustre Academie, qui a voulu exciter les Mathématiciens à perfectionner les méthodes que l'Analyse fournissoit pour l'avancement d'une branche interessante de l'Astronomie.

Le Memoire suivant, composé pour repondre à ces vuës, est fondé sur les principes du même auteur que nous venons de citer, et employe la plus grande partie de ses calculs. Par une revision très sevére de toutes les parties de son ouvrage, on a crû y appercevoir quelques legéres imperfections qui meritoient d'être remarquées, et en s'appliquant avec assiduité aux recherches que demandoient leurs corrections, on est arrivé à des resultats un peu plus voisins des observations quant à la comparaison des trois periodes connuës. Ces corrections ne sont pas uniquement duës à la simple repetition des calculs anciens. Il y en a une, et c'est la plus delicate, qui tombe sur une portion considerable de toute l'opération qu'on a crû devoir recommencer d'une maniere differente de celle qui a été suivie dans la Theorie des Cométes. L'objet de cette nouvelle recherche est le calcul de la perturbation causée par l'action de Jupiter pendant l'intervalle où il a été le plus voisin de la Cométe. Vers le 44 dégré d'anomalie excentrique avant 1682, la Cométe s'est trouvée à peu près aussi voisine de Jupiter que la Terre l'est du Soleil. Dans l'espace que renferment les 5 dégrés d'anomalie excentrique qui précédent et suivent ce point, la distance de ces deux Astres s'est doublée. Or la variation rapide de ces distances, en cause une si grande dans la loi des forces perturbatrices, qu'il nous a parû que ces forces auroient dû être calculées avec plus de rigueur qu'elles ne l'ont été dans l'ouvrage cité. Soit qu'il eut fallu employer pour cet objet des tables de mouvemens elliptiques plus correctes ou un plus grand nombre d'interpolations, nous avons crû devoir en cette occasion abandonner la methode de l'auteur et en suivre une, dans laquelle l'analyse a plus de prise et peut apporter plus de précision.

Cette

Cette methode est fondée sur ce que n'aïant ici qu'une petite portion de l'orbite à considerer (très considérable cependant par la quantité d'altération qui s'y exerce) on peut simplifier la solution générale par des réductions de calcul dûës à la rapidité des series employées.

Par cette opération le retardement causé dans l'arc correspondant aux dix dégrés d'anomalie excentrique, lequel auroit monté a 563 jours par la méthode employée dans la Théorie des Cométes, se trouve reduit à 558⅓. Ce qui fournit donc 4⅔ jours à retrancher sur toute la troisieme Periode. Cette correction est la seule que nous ayons pû faire relativement à la comparaison des deux dernieres revolutions, en la joignant à celle que l'auteur avoit faite lui même à ses calculs peu de tems après le retour de la Cométe, il en resulte que le Passage au Perihélie suivant le Calcul auroit dû avoir lieu le dernier jour de Mars, d'où l'on voit que la Theorie ne s'écarte plus que d'environ 19 jours des Observations.

Quant à la comparaison des deux dernieres periodes dont le resultat theorique avoit differé de 33 jours de celui des Observations, une révision des Calculs nous a fait découvrir une inadvertance qui a été commise en déterminant l'altération duë à l'action directe de Jupiter sur la Cométe pendant l'intervalle compris entre 1539 et 1600. Cette faute corrigée, qui avoit produit 10 jours de moins que l'on auroit dû trouver, remet la difference des resultats à 23 jours, ce qui la rend peu considérable, sur tout vû les omissions qui ont été faites pour abréger le Calcul des effets de Saturne dans la 1ere revolution.

Nous croyons, qu'un examen encore plus scrupuleux des mêmes Calculs, et sur tout une seconde opération dans laquelle on partiroit de l'Ellipse corrigée au lieu de la simple Ellipse employée d'abord, rapprocheroit encore la Theorie des Observations, et les feroit peut-être s'accorder d'une maniere aussi complette que celle qui a lieu dans les autres mouvemens célestes; mais l'enormité des calculs que demanderoit un tel travail, doit en dégouter les calculateurs les plus exercés. D'ailleurs il est certain qu'il y a des objets de recherches, pour lesquels la même quantité de peines et de calculs rendroit maintenant de plus grands services à l'Astronomie.

Afin que le lecteur juge plus facilement des additions que nous avons faites à la Theorie d'où nous sommes partis, nous avons crû devoir les faire précéder d'un Abregé de cette Theorie. Par

ce

ce moyen on n'aura recours à l'ouvrage, où elle est exposée en entier, que pour des simples resultats ou pour des détails de demonstrations, et l'on trouvera ici tout ce qui est suffisant pour bien entendre l'esprit de la methode et les opérations qu'elle indique. Nous croyons que cette nouvelle maniere de les présenter pourra en faciliter l'usage à ceux, qui voudront calculer d'autres Cométes.

Nous terminerons ce Memoire par la solution d'un Probléme de la Phisique céleste qui étoit nécessaire pour l'entiere connoissance du mouvement des Cométes, et qui n'avoit point encore été examiné. C'est la recherche de l'altération que la resistance de l'Ether peut apporter aux vitesses et par consequent aux orbites de ces Astres. Leur rapidité au Perihélie, et les changemens considérables qu'une petite diminution de leurs vitesses peut causer dans la durée de leurs periodes, pouvoit faire craindre que la resistance du milieu, où nagent les corps célestes, quoiqu'elle soit très petite pour avoir été remarquée dans les Planétes, pourroit produire des altérations sensibles quant aux Cométes. Quelques savans ont crû même que cette resistance pouvoit avoir contribué à écarter le resultat de la Theorie de celui des Observations. Une methode assés simple que nous avons trouvée pour en calculer l'effet, nous a montré qu'il a été presque nul; pourvûque les loix de la resistance soient telles qu'on les a supposées jusqu à présent, et sur tout que les parties de l'Ether qui sont fort eloignées du Soleil, ne soient pas beaucoup plus denses que celles qui sont voisines de cet Astre, ce qui seroit contre toute vraisemblance.

PREMIERE SECTION.

Abrégé de la Methode par laquelle on a calculé les Perturbations de la Cométe de 1759.

Ce calcul comme celui des perturbations des orbites planetaires, est fondé sur la solution du Probléme suivant: *Un corps lancé avec une direction quelconque étant continuellement sollicité par deux forces, dont l'une est toujours dirigée vers un même point fixe, et l'autre agit dans une direction perpendiculaire à la premiere, trouver la Courbe qu'il décrit, et le tems qu'il met à la parcourir.*

Pour

Pour rendre la ſolution du Probléme plus aiſément applicable aux Planétes et aux Cométes, on ſuppoſe que la force centrale eſt compoſée d'une premiere partie, qui agit toujours en raiſon renverſée du quarré de la diſtance, et d'une ſeconde dans l'expreſſion de laquelle, outre la diſtance, ſe trouvent encore des quantités relatives aux angles que le rayon vecteur a parcourus. Quant à la force qui agit perpendiculairement au rayon vecteur, elle renferme ainſi que la ſeconde partie de la premiere force, le rayon vecteur et des quantités qui deſignent ſa poſition.

Après avoir exprimé les conditions de ce Probléme par deux Equations differentielles du ſecond ordre, comme ſa nature le demande, on parvient dans la ſolution que nous avons employée à deux Equations intégrales ou du moins ſous une forme finie, dont l'une exprime l'orbite troublée et l'autre le tems employé à la parcourir.

L'Equation de l'orbite eſt telle que l'on voit d'un coté le rayon vecteur, de l'autre ſa valeur en deux parties dont la premiere eſt celle qui le deſigneroit ſi le projectile n'étoit pouſſé que par une ſeule force centrale inverſement proportionelle au quarré de la diſtance, et dont la deuxiéme eſt la correction qu'il faut faire à cette valeur pour qu'elle exprime le vrai rayon vecteur de l'orbite troublée par les deux forces ajoutées à la premiere.

L'expreſſion du tems eſt de même compoſée de deux parties dont l'une convient à la trajectoire non troublée et l'autre à la perturbation.

Pour faire uſage de ces deux formules générales dans la recherche de tous les mouvemens céleſtes, il faut commencer par chercher l'expreſſion des forces perturbatrices. Ce qui eſt fort facile en ſe contentant d'abord d'y laiſſer les lettres qui deſignent les diſtances de la Planéte troublée à la Planéte perturbatrice et les angles qui ſeparent leur rayons vecteurs; il faut enſuite en faire diſparoitre ces quantités et reduire l'expreſſion des forces à ne contenir de variable que celle qui deſigne la poſition du rayon vecteur de la Planéte troublée. Or cette opération ſe peut toujours faire lorsque les forces perturbatrices ſont auſſi petites que le ſont toutes celles qui ont lieu pour tous les corps céleſtes; car ces forces n'alterant que peu (du moins dans chaque revolution) les orbites qui auroient lieu ſans leur action, on peut toujours exprimer, avec une exactitude ſuffiſante, la relation entre les rayons vecteurs des deux planétes qui agiſſent l'une ſur l'autre, les

angles

angles compris par ces rayons, et la distance des deux planétes, quantités qui entrent toutes dans l'expression des forces.

Les forces étant donc designées par des fonctions de l'angle, on les substitue dans les Equations fondamentales dont nous venons de parler, et on trouve par les quadratures les valeurs des perturbations cherchées, soit à l'égard du rayon vecteur, soit a l'égard du tems.

Dans toutes les perturbations des Planétes les expressions des forces peuvent toujours se reduire à des suites de Cosinus d'angles multiples de celui qui exprime la position du rayon vecteur, et par ce moïen l'Equation qui en résulte pour l'orbite troublée ne contient jamais que ces mêmes especes de Cosinus, qui sont fort aisées à emploïer. Il en est de même de l'expression du tems qui resulte des mêmes substitutions, elle se trouve composée d'un angle et d'une suite de Sinus d'autres angles qui en sont les multiples.

Quant aux Cométes, l'on n'exprime point avec la même simplicité les forces qui troublent leurs mouvemens. On est obligé de calculer numériquement ces forces de dégré en dégré pendant une partie considérable de l'orbite et d'employer les quadratures de quelques courbes mecaniques pour conclure de la suite qui représente les forces, la quantité de retardement où d'acceleration qu'elles ont produit. La maniere de diminuer, autant qu'il est possible, les opérations arithmetiques de ce Calcul, sans le rendre inexact, et d'employer les resultats de chacune dans le sens suivant lequel est son effet, demande des attentions très delicates et beaucoup d'expediens enpruntés d'une Analyse subtile dont nous donnerons une idée plus loin.

Après avoir examiné la marche de la Planéte perturbatrice relativement à celle de la Cométe, pendant toute l'espace où l'action est la plus grande et la plus irréguliere, on a recours ensuite à une methode fondée en grande partie sur la synthése pour découvrir le reste de la perturbation. La simplification qui permet alors de traiter le Probléme d'une maniere générale, vient de ce que la Planéte perturbatrice n'a plus guere d'effet sur la Cométe que par le derangement qu'elle produit sur le Soleil. Et voici comme l'on traite ce derangement.

Ne considérant d'abord que Iupiter, on voit, que sa masse qui est environ la 1000me partie de celle du Soleil, doit obliger cet Astre à décrire autour de leur centre commun de gravité une petite Ellipse dont les dimensions sont les 1000mes de celle de Jupiter. La

Comé-

Cométe confiderée comme fe mouvant dans l'efpace abfolu, décrit donc une trajectoire, dont le centre des forces au lieu d'être fixe parcourt une très petite Ellipfe. Or fi on décompofe les forces qui ont lieu vers ces points mobiles, mais toujours très peu diftans d'un centre fixe, on voit qu'en ne négligeant qu'une très petite partie de fon objet, on peut regarder la Cométe comme décrivant une trajectoire ordinaire autour du point qui refte fixe dans l'efpace abfolu, c'eft à dire, autour du centre de gravité commun de Jupiter et du Soleil. Le calcul n'eft plus embarraffé alors pour connoître les dimenfions de cette trajectoire, et pour paffer du mouvement réel autour du centre fixe, au mouvement relatif de la Cométe autour du Soleil.

Ce calcul fait ainfi que celui de l'action de Saturne qu'on traite de la même maniere, il ne refte plus que d'evaluer l'action directe des Planétes perturbatrices fur la Cométe dans la même partie de l'orbite. Cette action qui eft toujours très petite pourroit être entierement negligée fans produire que quelques jours de mécompte fur chaque periode, cependant pour n'avoir rien à fe reprocher dans des recherches fi delicates on a calculé cette légére partie de la perturbation en employant des methodes pratiques, analogues à celle de la premiere opération, mais beaucoup moins fcrupuleufes, par lesquelles on a eu cependant avec une exactitude fuffifante la petite portion reftante de la perturbation.

§. I.

Denominations et formules générales pour les trajectoires elliptiques.

P*cdae* defignant une trajectoire elliptique décrite autour du foyer S, avec une force inverfement proportionelle au quarré de la diftance, foient O le centre de cette Ellipfe, P fon Perihelie, *a* fon Aphelie; P*a* le grand axe, *ed* le petit axe: P G *a* H le cercle circonfcrit; C un lieu quelconque du projectile qui fe meut dans cette trajectoire, PS*c* fon anomalie vraïe, PQ l'anomalie excentrique qui y repond, S*c* le rayon vecteur *Fig. I.*

Soient de plus - - $PO = 1$

$OS = e$

$eO = \sqrt{(1-ee)}$

$Sc = r$

l'angle $PSc = v$

l'angle $POQ = x$

Soit enfin defigné par - - z

B l'anol'anomalie moyenne du projectile ou l'angle qui est à 360^{d}, comme le secteur PSc à l'aire de l'Ellipse. Cela posé on aura pour l'équation de l'Ellipse entre le rayon vecteur et l'anomalie vraye

$$r = \frac{1 - ee}{1 + e \operatorname{cos.} v.}$$

Et celle qui donne la relation entre ces deux quantités et l'anomalie moyenne sera $z = \int \frac{rrdv}{\sqrt{1-ee}}$

Si l'on veut exprimer la trajectoire par la relation entre le rayon vecteur et l'anomalie excentrique, on aura l'équation.

$$r = 1 - e \operatorname{cos.} x.$$

Et l'anomalie moyenne en ce cas sera designée par

$$\int r\,dx \text{ ou } x - e \operatorname{sin.} x.$$

Comme les differens objets de récherches qu'offrent les trajectoires se traitent avec plus de simplicité, dans quelques cas, par la consideration de l'anomalie vraïe, et dans d'autres par l'anomalie excentrique, il est bon d'avoir présent la relation entre ces deux anomalies, qui depend des équations suivantes :

$$\operatorname{Sin} v = \frac{\operatorname{sin} x \sqrt{(1-ee)}}{r} \qquad \operatorname{Cos.} v = \frac{\operatorname{cos.} x - e}{r}$$

$$dv = \frac{dx \sqrt{(1-ee)}}{r}$$

§. II.

Où l'on donne les formules nécéssaires pour calculer les derangemens que les trajectoires reçoivent par des forces perturbatrices quelconques connues.

Fig. II. PcA est comme cy dessus l'Ellipse décrite par une force inversément proportionelle au quarré de la distance Sc, et directement proportionelle à la masse - - M

La force qui se joint à celle là dans le même sens - Φ

Celle qui agit de plus dans une direction perpendiculaire π

Le rayon vecteur SC de l'orbite troublée - r

L'anomalie vraïe etant toujours - - v

L'anomalie moyenne qui y repond - - z

Ayant commencé par former les quantités suivantes

$\varrho =$

$$\rho = \int \frac{\pi r^3 dv}{M(1-ee)} \text{ et } \text{♎} = \frac{\frac{\Phi r^2}{M} + \frac{\pi r dr}{M dv} - 2\rho}{1+2\rho}$$

l'équation qui exprime l'orbite cherchée sera

$$r = \frac{1-ee}{1 + e \operatorname{cos.} v + \operatorname{fin.} v \int \text{♎} \operatorname{cof.} v dv - \operatorname{cof.} v \int \text{♎} \operatorname{fin.} v dv}$$

Et celle qui donne le mouvement dans cette orbite, c'eſt à dire, la valeur de l'anomalie moyenne, ſera

$$z = \int \frac{rr dv}{\sqrt{1-ee}\,\sqrt{1+2\rho}}$$

La demonſtration de ces deux propoſitions ſe trouve au commencement de la Théorie de la Lune imprimée à Petersbourg en 1752.

§. III.

Reduction des formules précédentes dans les cas où les forces perturbatrices ſont aſſés petites pour que l'on puiſſe négliger leurs ſecondes puiſſances.

Dans ce cas on commence par ſupprimer le terme 2ρ qui eſt au diviſeur de ♎, parceque ce terme n'apporteroit qu'une correction du 2ᵈ ordre en le faiſant paſſer au numerateur.

On remarque enſuite, que comme l'orbite troublée ne peut pas beaucoup differer de l'Ellipſe qui auroit lieu ſans la perturbation, du moins lorsque l'on ne conſidere qu'une ou deux revolutions, on peut dans les petits termes, c'eſt à dire, dans les expreſſions de Φ, π, ρ et ♎, mettre r à la place de r. C'eſt à dire ſubſtituer le rayon vecteur de l'Ellipſe primitive à celui de l'orbite troublée.

Cela poſé la valeur précédente du rayon vecteur de l'orbite troublée peut s'exprimer par

$$r = \frac{\mathrm{r}}{1 + \frac{\mathrm{r} \operatorname{fin.} v}{1-ee} \int \text{♎} \operatorname{fin.} v dv - \frac{\mathrm{r} \operatorname{fin.} v}{1-ee} \int \text{♎} \operatorname{cof.} v dv}$$

$$\text{ou } r = \mathrm{r} \left(1 - \frac{\mathrm{r} \operatorname{fin.} v}{1-ee} \int \text{♎} \operatorname{fin.} v dv + \frac{\mathrm{r} \operatorname{fin.} v}{1-ee} \int \text{♎} \operatorname{cof.} v dv\right)$$

en omettant ce qu'on peut ſe permettre ici de négliger.

Et si l'on designe par $r\,\xi$ l'alteration que les forces perturbatrices causent au rayon vecteur primitif, r, on aura pour trouver cette alteration la formule

$$\xi = \frac{r\,\mathrm{cos}.\,v}{1-ee}\int \Omega\, \mathrm{sin}.\,v\,dv - \frac{r\,\mathrm{sin}.\,v}{1-ee}\int \Omega\,\mathrm{cos}.\,v\,dv.$$

dans la quelle il faut se ressouvenir que

$$\Omega = \frac{\Phi r^2}{M} + \frac{\pi r\,dr}{M\,dv} - 2\varrho, \text{ et } \varrho = \int \frac{\pi r^3 dv}{M\,(1-ee)}$$

Qu'ant à la valeur de z, ou de l'anomalie moyenne, qui en employant la valeur $r\,(1+\xi)$ de r, seroit exprimée généralement par $\int \frac{rr\,(1+2\xi+\xi^2)\,dv}{(1+2\varrho)\sqrt{1-ee}}$, elle devient en négligeant toujours les 2des puissances des petites quantités.

$$z = z + \int \frac{r^2\,(2\xi - \varrho)\,dv}{\sqrt{1-ee}}.$$

Il faut observer dans toutes ces formules que $r = \frac{1-ee}{1+e\,\mathrm{cos}.\,v}$ et que z où l'anomalie moyenne dans l'Ellipse est exprimée par l'équation $z = \frac{\int r\,r\,dv}{\sqrt{1-ee}}$.

§. IV.

Transformation des formules précédentes lorsque l'on employe l'anomalie de l'Excentrique au lieu de l'anomalie vraye.

On a d'abord au lieu de l'expression précédente de ϱ celle cy

$$\varrho = \frac{\int \pi r^2 dx}{M\sqrt{(1-ee)}},$$

Employant ensuite au lieu de Ω la quantité $\frac{\Omega}{r^2}$ que l'on designe par ω, et dont la valeur générale est

$$\omega = \frac{\Phi}{M} + \frac{\pi e\,\mathrm{sin}.\,x}{M\sqrt{(1-ee)}} - \frac{2\varrho}{r^2}$$

On trouve pour determiner la correction du rayon vecteur, l'équation

$$\xi = \mathrm{cos}.\,\overline{x-e}\int \omega\,dx\,\mathrm{sin}.\,x - \mathrm{sin}.\,x\int \omega\,(\mathrm{cos}.\,x - e)\,dx$$

Et pour l'expression de l'anomalie moyenne

$$z = z + \int (2r\xi - \varrho)\,dx$$

Il est aisé de voir maintenant que lorsqu'on aura une suite de nombres pour exprimer les forces π et Φ, pendant tous les dégrés d'un arc quelconque donné x, de la circonference qui mesure l'anomalie excentrique, on aura par les quadratures la valeur de ξ et de z qui repondent à cet arc et par conséquent celle du rayon vecteur et de l'anomalie moyenne.

On trouve pag. 69 de la Théorie des Cométes, un procedé aussi simple que la nature du probleme le comporte pour calculer la suite des forces Φ et π, dont on a besoin dans la partie de l'orbite où l'on veut employer la methode générale, et dans la page 12 et 13, la maniere de determiner facilement les ordonnées des courbes qu'il faut quarrer, et les opérations que demandent ces quadratures.

§. V.

Du changement que l'action des forces Φ et π pendant une seule partie quelconque P c *de l'orbite ont produit pour le reste de l'orbite et pour les revolutions subsequentes.*

Lorsqu' après avoir calculé par les methodes précédentes les changemens que le rayon vecteur a souffert en O par l'action pendant P C, ainsi que l'alteration du tems ou de l'anomalie moyenne qui repond a cet arc, on veut sçavoir le tems que le projectile mettroit à parcourir un arc quelconque suivant de la nouvelle Ellipse qui auroit lieu si la perturbation venoit à cesser après le point C, le chemin qu'on seroit tenté de suivre d'abord seroit d'employer le rayon P C, l'angle O P C, et la vitesse en C que l'on tireroit aisément des formules précédentes, à trouver la grandeur et la position de l'axe de cette nouvelle Ellipse que le projectile décriroit, et de calculer le mouvement dans cette Ellipse par les methodes ordinaires qui conviennent aux simples trajectoires.

Mais on peut abreger infinement cette recherche, en examinant ce que deviennent les aires des courbes dépendantes de π et Φ qui sont entrées dans les formules précédentes, lorsque ces mêmes forces π et Φ s'evanouissent après une valeur donnée de x.

On voit par exemple que ρ ou $\int \frac{\pi r^2 dx}{\sqrt{1-ee}}$, n'est plus que la constante qui exprime l'aire de la courbe dont l'ordonnée est $\frac{\pi r^2}{\sqrt{1-ee}}$ pour l'abscisse que devient x au point où les forces pertur-

 batri-

batrices cessent. De là ω ou $\frac{\Phi}{M} + \frac{\pi \rho \text{ sin. } x}{M\sqrt{1-ee}} - \frac{2\rho}{rr}$ se réduit à $-\frac{2f}{rr}$ si f est cette constante qui designe la quantité ρ pour tout le reste de l'orbite.

La valeur de ξ, ou de la correction du rayon vecteur après un arc quelconque, ne depend donc plus alors que des integrales de $-\frac{2f}{r}dx$ sin. x et $-\frac{2f}{r}$ (cos. $x-e$) dx, integrales qui se peuvent trouver sans peine de differentes manieres, mais surtout avec une grande facilité par les lemmes du §. I.

L'opération étant faite, on a en supposant que a designe ce que $\int \omega\, dx$ sin. x étoit en C avant la cessation des forces Φ et π, et que l soit le rayon vecteur au même point, on a, dis-je, pour cette même quantité $\int \omega\, dx$ sin. x, au point K, $a - \frac{2f}{er} - \frac{2f}{el}$

De même en supposant que b soit la valeur de $\int \omega$ (cos. $x-e$) dx en C et m l'anomalie excentrique du même point, on aura pour $\int \omega$ (cos. $x-e$) dx en K l'expression suivante $b + \frac{2f \text{ sin. } m}{l} - \frac{2f \text{ sin. } x}{r}$. Delà resulte que la valeur de ξ qui donne le rayon vecteur en K, sera (cos. $x-e$) $\times$ $\left(a - \frac{2f}{el} + \frac{2f}{er}\right)$ $-$ sin. x $\left(b + \frac{2f \text{ sin. } m}{l} - \frac{2f \text{ sin. } x}{r}\right)$

Passant ensuite de cette valeur de ξ à celle du mouvement moyen z on aura pour ce mouvement repondant à CK, l'expression $\left(\frac{6f}{l} - 3f - 3ae\right)(x-m) + \left[2a(1+ee) + f\left(\frac{4}{e} + e - \frac{4(1+ee)}{el}\right)\right] \times$ (sin. x $-$ sin. m) $+ \left(2b + \frac{4f \text{ sin. } m}{l}\right) \times$ (cos. x $-$ cos. m) $+ \left(\frac{f}{l} - f - \frac{1}{2}ae\right) \times$ (sin. $2x$ $-$ sin. $2m$) $- \left(\frac{1}{2}eb + \frac{fe}{l}\text{ sin. } m.\right) \times$ (cos. $2x$ $-$ cos. $2m$)

Si l'on fait $x = 360^d + m$ dans cette expression, elle deviendra

$$\left(\frac{6f}{l} - 3f - 3ea\right) 360^d$$

qui designe l'alteration que l'action pendant PC produit pour toute la revolution subsequente.

Ces formules n'ont été calculées que pour pouvoir partager plus facilement l'opération du calcul de la Cométe en plusieurs parties, dans la moitié de l'orbite qui renferme le Perihelie. La distance de Jupiter à la Cométe n'a jamais été assés grande pour se dispenser de la methode des quadratures indiquées cy dessus. Quant à la seconde moitié celle ou est l'Aphelie, l'on pouvoit en rendre le calcul beaucoup plus simple, et se servir d'une methode générale au au moyen de la reduction des forces qui ne consistent presque plus que dans l'action de la Planéte perturbatrice sur le Soleil. Mais avant d'entreprendre cette nouvelle opération, il falloit completer la premiere en calculant ce que l'action qui avoit eû lieu depuis P jusqu'en D devoit produire pour tout le reste de la revolution et pour la revolution suivante, de la même maniere que si aucune force perturbatrice n'avoit plus lieu. Or cette opération étoit bien facile par la methode qu'on vient d'enseigner.

§. VI.

Modification des formules précédentes pour le cas où l'arc PC est le quart de l'orbite.

Si on a calculé la suite des forces Φ et π pour tout le quart PD de l'orbite, et que l'on veuille sçavoir l'alteration qui resulte de leur action, pour les trois quarts suivans DAEP, on n'a autre chose à faire que de substituer dans la premiere des deux formules précédentes $90^{d.}$ à la place de m, 360^{d} à la place de x et 1 à la place de l, ce qui reduira cette formule à $-a(810^{d.}e + 2 + 2ee) + f(810^{d} + 4 + e) + (2 - e)b$, la quelle en faisant $e = 0,96739$, qui est l'excentricité pour la Cométe de 1682, devient

$$-17,5478\,a + 19,1046\,f + 1,03261\,b.$$

Expression qui servira pour toutes les parties DAEP de chaque revolution de la même Cométe, aussitôt qu'on aura trouvé pour le quart précédent PD, les quantités $a = \int \omega\, dx \,\text{sin.}\, x$; $b = \int \omega\,(\text{cos.}\, x - e)\, dx$;

$$f = \int \frac{\pi r^2\, dx}{M\sqrt{1 - ee}}$$

Quant à l'expression que la même alteration par PD produit pour toute la revolution subsequente, elle se trouve en faisant $l = 1$ dans la 2de formule du paragraphe précédent, ce qui la change en $360^{d.}(3f - 3ea)$ ou $18,8496\,f - 18,2348\,a$, si l'on donne comme cy dessus à e sa valeur dans l'orbite de la Cométe que nous traitons.

§. VII.

Du procédé que l'on suit en calculant l'alteration produite par les forces Φ et π sur le dernier quart EP' de l'orbite.

Les formules du §. IV. dont on a fait usage pour calculer l'action pendant PD conviendroient également au quart EP en obser-

obſervant de donner ſucceſſivement à x depuis 270^d juſqu'à 360^d. et de faire conſequemment les ſin. x negatifs et les coſ. x poſitifs.

Cette methode que l'auteur avoit ſuivie d'abord, lui a paru renfermer un inconvenient qu'il a voulu éviter, c'eſt que la quantité $\frac{\varrho}{r^2}$ qui entre dans les aires $\int \omega\, d\, x$ ſin. x, $\int \omega\,(\text{coſ.}\, x - e)\, d x$, étant tres grande vers P les ſuites de nombres qui repreſentent ces aires ont des irrégularités conſidérables, à moins que l'on n'ait mis un ſoin extrême dans la determination des Φ et π, ce qui rendroit le calcul trop fatiguant. L'auteur a donc donné à ſes formules une autre diſpoſition dans laquelle les x, les ſin. x etc. ainſi que les aires des Courbes qui leur repondent, procédent toutes de P vers E.

Cette opération qui ne demandoit que des transformations faciles et des attentions ſemblables à celles du §. V. pour les completemens des integrales, a produit la formule ſuivante qui ne laiſſe aucune ambiguité dans ſon uſage.

Que l'anomalie excentrique P q priſe dans une direction oppoſée à celle du mouvement de la Cométe ſoit $= x'$

l'aire $\int \frac{\pi\, r\, d x'}{M \sqrt{(1 - ee)}}$ qui procede ainſi que x dans la direction oppoſée à celle de la Cométe - - $= \varrho'$

La fonction $\frac{\Phi}{M} - \frac{\pi e\, \sin. x}{M \sqrt{(1 - ee)}} + \frac{2\varrho'}{rr} =$ - ω'

L'aire $\int \omega'$ ſin. $x'\, d x' =$ - - P'

L'aire $\int \omega'$ (coſ. $x' - e$) $d x' =$ - - Q'

Suppoſons de plus que lorsque le point q tombe en H on ait alors - - - $\varrho' = f'$

$P' = a'$

$Q' = b'$

$\int P'$ (coſ. $x' - e$) $d x' =$ - - A'

$\int Q'$ ſin. $x' d x' =$ - - B'

$\int \varrho'\, r\, d x' =$ - - F'.

On aura pour l'alteration entiere par l'arc EP' l'expreſſion ſuivante

$2\, A' + F' - 2\, B' + a\,(270^d\, e - 2 - ee) + b'\,(2 - e) + f'\,(270^d - e - 4)$

laquelle dans le cas de la Cométe de 1682 eſt

$2\, A' - 2\, B' + F' + 0,68703\, a' + 1,03261\, b' - 0,25500\, 2 f'$

Quant à l'alteration que l'action pendant EP' produit pour la revolution ſubſequente elle ſeroit en employant les denominations préſentes et les formules du §. précédent $(3 f' + 3 e a')\ 360^d$ ou $18,8496\, f' + 18,2348\, Q'$.

§. VIII.

§. VIII.

Maniere d'eviter dans quelques cas presques toutes les quadratures numeriques.

Lorsque l'elongation de la Cométe à la Planéte perturbatrice ne souffre pas de frequens passages du positif au negatif, comme dans quelques uns des cas de l'action de Saturne sur la Cométe de 1682, on peut assés facilement representer la suite des quantités ω par une formule parabolique telle que $\omega = A + Bx + Cx^2 + Dx^3 + Ex^4$; et alors on évite toutes les opérations qui donnent $\int \omega \sin. x\, dx$, $\int \omega (\cos. x - e)\, dx$, ξ, et $\int \xi r\, dx$, c'est à dire que l'on n'a plus de courbe à quarrer que celle qui donne ϱ, et la quadrature totale qu'il faut pour $\int \varrho r\, dx$; opération qui est toujours assés facile.

Toutes les opérations qui entrent alors dans le passage de ω à $\int \xi r\, dx$ se trouvent toutes faites par une analyse fort simple expliquée (p. 24 et 25.) de la Theorie des Cométes et dont voici le resultat.

Lorsque $\omega = A + Bx + Cx^2 + Dx^3 + Ex^4$

on a

$$\int \xi r\, dx = A\left(1 + ee + 3e - \left(1 + \tfrac{3}{2}e + \tfrac{3}{4}e^2\right) q\right) + B\left(1 - \tfrac{9e}{2} + \tfrac{7e^4}{8} + 3eq - \left(\tfrac{1}{2} + \tfrac{3e^2}{8}\right) q^2\right) + C\left(-2 - 12e - 2e^2 + \left(2 + 3e + \tfrac{15e^2}{8}\right) q + 3eq^2 - \left(\tfrac{1}{3} + \tfrac{1}{4}e^2\right) q^3\right) + D\left(-6 + 45e - \tfrac{93}{16}e^2 - 36eq + \left(3 + \tfrac{45ee}{16}\right) q^2 + 3eq^3 - \left(\tfrac{1}{4} + \tfrac{3}{16}e^2\right) q^4\right) + E\left(24 + 216e + 24e^2 - \left(60e + \tfrac{189e^2}{8}\right) q - 72eq^2 + \left(4 + \tfrac{15e^2}{4}\right) q^3 + 3eq^4 - \left(\tfrac{1}{5} + \tfrac{3e^2}{10}\right) q^5\right)$$

Et cette formule dans le cas de la Cométe de 1682 où $e = 0,93584$. devient

$$\int \xi r\, dx = -0,11467\, A - 0,07528\, B - 0,06183\, C - 0,057208\, D - 0,0575476.\, E$$

Quant aux determinations a et b, c'est à dire des valeurs totales $\int \omega\, dx \sin. x$, $\int \omega (\cos. x - e)\, dx$ lesquelles quantités sont necessaires (§. V.) pour trouver l'alteration qui a lieu dans le reste de l'orbite et dans la revolution subsequente, elles seront exprimées par

$$a = A + B + 1,14149\, C + 1,40220\, D + 1,80404\, E$$

$$b = -0,51957\, A - 0,62267\, B - 0,78290\, C - 1,02137\, D - 1,37098.\, E.$$

§. IX.

Principe sur lequel est fondée la methode de calculer la perturbation qui a lieu dans la moitié superieure de l'orbite.

Dans cette partie où la distance de la Cométe à la Planéte perturbatrice est assés grande pour n'avoir presque à considerer que l'action exercée par cette Planéte sur le Soleil, on peut parvenir à connoître assés facilement et d'une maniere générale ce que cette action peut produire de derangement sur la Cométe.

Pour cela on commence par chercher l'orbite que la Cométe décrit dans l'espace absolu, ce qui ne demande que la consideration suivante.

Le Soleil qui est attiré par la Planéte perturbatrice en même tems qu'il l'attire, doit parcourir ainsi que cette Planéte une Ellipse autour de leur centre commun de gravité qui reste alors fixe. Mais les dimensions de l'Ellipse décrite par le Soleil étant à celles de la Planéte en raison renversée de leurs masses, il s'ensuit que l'angle sous lequel on verroit de la Cométe le diamètre de cette orbite, est toujours assés petit pour supposer que la Cométe qui est reellement attirée vers un point mobile en raison renversée du quarré de sa distance à ce point, décrit sensiblement la même courbe que si elle suivoit la même loi vers le centre commun de gravité du Soleil et de la Planéte. On n'a donc autre chose à faire pour connoitre le mouvement de la Cométe dans l'espace absolu, qu'à examiner ce qu'est sa vitesse et sa direction au point D dans cet espace, et calculer les dimensions de l'Ellipse qui en resulte, en employant les principes ordinaires des trajectoires. Cette Ellipse étant determinée ainsi que le mouvement réel du projectile qui la parcourt, il n'est plus question que de calculer les apparences de ce mouvement pour le spectateur mobile placé dans le Soleil, puisque ce mouvement est celui qu'on cherche, lequel est un jour rapporté au Soleil.

Nous renverrons pour le détail de ce problême aux pages 30 et suiv. de la Theorie des Cométes, et nous nous contenterons ici d'en donner le resultat.

Fig. III. Que F*i* represente la projection de l'orbite de la Planéte perturbatrice sur le plan de l'orbite de la Cométe, F le point de cette orbite qui repond à D, et *i* celui qui repond à E.

Que

Que l'angle F S D, ou la commutation des deux astres en D soit - - - - $= n$

La commutation en E - - $= b$

L'angle que S F forme avec la tangente en F de l'orbite F i - - - - $= 90° - \delta$

L'angle renfermé entre S i et la tangente en i de la même orbite - - - $= 90° - \varepsilon$

La vitesse en F dans l'orbite F i multipliée par le rapport de la masse de la Planéte à celle du Soleil - $= \beta$

La vitesse en i dans l'orbite F i multipliée par le même rapport - - - - $= \theta$

Le Rayon S F multiplié par le même rapport - $= \gamma$

Le Rayon S i multiplié de même - $= \zeta$

Cela posé on aura dans l'orbite de la Cométe que nous traitons, par l'alteration du tems par D A E P' resultant de l'action de la Planéte sur le Soleil pendant l'espace D A E

$+ 0.77551\ \zeta \operatorname{cos.} b + 4,59423\ \beta \operatorname{cos.} (\delta + n) + 18,54688\ \beta, \operatorname{sin.} (\delta + n) - 18,07205\ \gamma \operatorname{cos.} n - 0,25329\ \zeta \operatorname{sin.} b + 0,25331\ \gamma \operatorname{sin.} n - 0,31393\ \theta \operatorname{sin.} (\varepsilon + b) - 0,17962\ \theta \operatorname{cos.} (\varepsilon + b)$

Et quant à l'alteration qui resultera de la même action pour la periode suivante, sa valeur sera exprimée généralement par

$18,84955\ \zeta \operatorname{cos.} b - 18,84955\ \gamma \operatorname{cos.} n + 18,2349\ \theta \operatorname{sin.} (\varepsilon + b) + 18,2349\ \beta \operatorname{sin.} (\delta + n) - 4,7744\ \theta \operatorname{cos.} (\varepsilon + b) + 4,7744\ \beta \operatorname{cos.} (\delta + n)$

On trouve p. 44 et 45. un procédé assés simple pour determiner les quantités renfermées dans ces formules.

Si on vouloit employer la même methode pour une partie plus ou moins grande que la moitié superieure, l'opération seroit toujours aussi facile, et le procédé qu'il faut suivre en pareil cas est indiqué au dernier paragraphe de la Theorie des Cométes.

§. X.

De l'alteration qui a lieu dans la moitié superieure en ne considerant que l'action de la Planéte sur la Cométe directement.

Cette alteration a été traitée par une methode dans laquelle on s'est permis beaucoup d'omissions. On a regardé les Planétes perturbatrices comme étant dans le même plan que l'orbite de la Cométe quoiqu'elles s'en ecartent de 18 à 19 dégrés, et on n'a point eû d'egard à l'excentricité de leurs orbites parceque toutes ces attentions auroient été superflues dans une recherche dont l'objet n'étoit qu'une difference de quelques jours. Par le moyen de ces omissions la suite des sinus Φ et π, a été beaucoup plus facile à trouver que dans la premiere moitié de l'orbite, et le calcul necessaire pour employer la suite de nombres qui exprime les forces de l'alteration a été plus simple aussi que pour la premiere moitié, car la petitesse de l'anomalie vraie dans toute cette seconde moitié permet quelques abregés. La valeur de ξ dans ce cas est suffisamment exacte par la formule

$$\xi = \frac{-r}{1-ee} \int dv \text{ cos. } v \int \frac{\pi}{r} dv \text{ cos. } v, \text{ ou même}$$

$$\text{par } \xi = \frac{-r}{1-ee} \int dv \int \frac{\pi}{r} dv.$$

SECONDE SECTION.

Methode générale pour calculer l'alteration qui resulte de l'action des forces perturbatrices sur une petite portion de l'orbite d'une Cométe.

La methode que nous allons suivre est fondée en grande partie sur une formule de la Theorie des Comètes qu'on trouve à la page 19 et suiv. à la quelle nous pourrions nous contenter maintenant de renvoyer le lecteur: mais comme nous croyons avoir un moien d'arriver un peu plus simplement à cette formule, nous allons commencer par en donner l'explication.

§. I.

Formule générale pour trouver l'alteration periodique produite par l'action des forces perturbatrices sur une partie quelconque d'une orbite proposée.

Gardant les mêmes denominations que dans le §. 11. nous supposerons de plus que S désigne l'arc de l'orbite correspondant à l'anomalie vraye v, et V la vitesse de ce même projectile que nous chercherons par les principes ordinaires des forces accéleratrices.

Comme la force qui s'exerce suivant le rayon vecteur est $\frac{M}{r^2} + \Phi$, la partie de cette force qui agit dans la direction du projectile pour retarder son mouvement sera $\left(\frac{M}{r^2} + \Phi\right) \frac{dr}{ds}$.

Pareillement $\frac{\pi r dv}{ds}$ exprimera la partie de la force π qui agit dans le même sens pour l'accélérer. On aura donc la viteſſe cherchée par l'equation $\left(\frac{\pi r dv}{ds} - \left(\frac{M}{r^2} + \Phi\right)\frac{dr}{ds}\right)\frac{ds}{V} = dV$ qui donne.

$$V^2 = \frac{2M}{r} - \frac{M}{a} - 2\int \Phi dr + \int \pi r dv$$

Dans laquelle on a ajouté la conſtaute $\frac{-M}{a}$ pour que la viteſſe à la moyenne diſtance qu'on ſuppoſe a ne fut que $\sqrt{\frac{M}{a}}$, ſans la perturbation, comme c'eſt en effet, ſa valeur dans les trajectoires ordinaires.

Si on ſuppoſe maintenant qu'après le point C les forces perturbatrices Φ et π ceſſent, et qu'on cherche la moyenne diſtance ou le demi grand axe de l'Ellipſe qui ſeroit décrite alors, on y parviendra facilement de la maniere ſuivante.

Soit $\frac{a}{1-\zeta}$ cette moyenne diſtance cherchée, il eſt évident que ſi on ſuppoſe que le rayon vecteur r ſoit le même que celui de l'orbite troublée, ainſi que la viteſſe V, on aura dans la trajectoire qui ſeroit décrite ſans forces perturbatrices

$$V^2 = \frac{2M}{r} - \frac{M}{a} + \frac{M\zeta}{a}$$

Or ſi l'on combine cette équation avec la précédente, on aura

$$\frac{2M}{r} - \frac{M}{a} + \frac{M\zeta}{a} = \frac{2M}{r} - \frac{M}{a} - 2\int \Phi dr + 2\int \pi r dv \text{ qui donne}$$

$$\zeta = \frac{2a}{M}\int \pi r dv - \frac{2a}{M}\int \Phi dr$$

et partant la moyenne diſtance cherchée.

Il eſt aiſé de voir que cette formule peut être d'une grande utilité dans la recherche des mouvemens céleſtes, puis qu'elle a lieu quel que ſoit le nombre des revolutions pendant leſquelles ſe ſont exercées les forces Φ et π, et quelles que ſoient ces forces.

Si on veut emploïer la conſideration de l'anomalie excentrique au lieu de l'anomalie vra e, et qu'on faſſe la moyenne diſtance de l'orbite primitive $= 1$, on aura

$$\zeta = \frac{2\sqrt{(1-ee)}}{M}\int \pi dx \; \frac{2e}{M}\int \Phi \, dx \text{ ſin. } x$$

comme dans la page 21. de la Theorie des Cométes.

§. II.

Methode qu'on a suivie pour avoir une expression analytique des forces perturbatrices qui convient à tous les points de l'orbite dont les anomalies excentriques sont renfermés entre $1^s\ 9^d$ *et* $1^s\ 19^d$ *avant 1682.*

On a commencé par faire toutes les opérations qui donnent les forces perturbatrices pour $1^s\ 14^d$ d'anomalie excentrique. On a repeté ensuite les mêmes opérations en prenant pour anomalie excentrique $1^s\ 14^d + q$, où q designe un arc qui ne passe pas 5^d. Or comme la petitesse d'un tel arc permet de supposer $\text{sin.}\ q = q - \frac{1}{6} q^3$ et $\text{cos.}\ q = 1 - \frac{1}{2} q^2$, tous les calculs faits d'abord numeriquement ont pû se traiter analytiquement sans introduire que des series simples et rationelles affectées de q, q^2 et q^3, à cela près de la distance de la Cométe à Jupiter qu'on n'a pû delivrer du signe radical. Mais malgré ce radical la quantité $\frac{2\sqrt{(1-ee)}}{M} \int \pi\, dx - \frac{2e}{M} \int \Phi\, dx\ \text{sin.}\ x$ ne s'est point trouvé trop compliquée pour ne se pas integrer facilement par des approximations.

Afin que le lecteur suive plus commodement le detail de ce calcul, nous exposerons d'abord toutes les opérations numeriques qu'exige la determination des forces Φ et π pour le point dont l'anomalie excentrique est $1^s\ 14^d$ avant 1682. Le procedé que nous suivons ici differe un peu de celui qui est indiqué dans la Theorie des Cométes, convient mieux à notre objet present, et pourroit même paroître généralement meilleur, sur tout à ceux qui n'auroient point de tables de quarrés, ou qui ne les trouveroient pas assés amples.

§. III.

Calcul des forces perturbatrices causées par Jupiter sur la Cométe pour $1^s\ 14^d$. *d'anomalie excentrique avant 1682.*

De l'anomalie moyenne * de Jupiter qui étoit de $9^s\ 21^\circ\ 39'\ 0''$ lorsque la Cométe étoit à son perihelie en 1682, retranchés $1^s\ 5^\circ\ 0'\ 0''$. qui exprime le mouvement moyen de Jupiter pour le tems que la Cométe emploie à parcourir un arc dont l'anomalie excentrique est de $1^s\ 14^d$, et vous aurés $8^s\ 16^d\ 39'\ 0''$ pour l'anomalie moyenne de Jupiter au moment proposée.

Avec

* Jettés les yeux sur la table c'y jointe ou sont recités par ordre toutes les opérations indiquées dans ce paragraphe.

Calcul des forces perturb. Φ et π pour $1^s\ 14^d$ d'Anom. exc. avant le perih. de 1682.

	s	d	′	″
Anom. moy. pour le point P . .	9	21	39	0
Mouv. ♃ $p^r\ 1^s\ 14^d$	1	5	0	0
Anom. moy. ♃ . .	8	16	39	0
Equ. du centre . .	+ 5	26	38	
Anom. vraye . .	8	22	5	38
Aphelie de ♃ . .	6	9	13	0
♈ ♃	3	1	18	38
♈ ☊	1	23	39	0
☊ ♃	1	7	39	38
☊ ♃ reduit ou ☊ S *i*	1	6	10	44
PS☊	3	22	12	0
PS*i*	4	28	22	44
PSC	4	24	39	0
*i*SC	0	3	43	44

Log. N*i* 8. 264955
$\frac{1}{CI^3}$ . . 3. 599358
1. 864313
:
:
$\frac{Ni}{IC^3} = 73.\ 167$
0. 766
$\pi = -72.\ 401$

SC = 0, 30412 SC² = 0, 092491

Log. SI 9. 460242
Cos. latit. 9. 991563
Log. S*i* 9. 451805

9. 460242
Log. SI² 8. 920484
Log. SI³ 8. 380726
Suppl. 1. 619274

sa Tang. 9. 887499
Cos. inclin. 9. 976617
. . . 9. 864116

son sinus 9. 786029
Sin. incl. 9. 504485
Sin. lat. 9. 290514
Latit. $11^d\ 15'\ 26''$

son sinus 9. 813150
Log. S*i* 9. 451805
Log. N*i* 8. 264955
Log. $\frac{1}{SI^3}$ 1. 619274
9. 884229
:
:
$\frac{Ni}{SI^3} = 0,\ 76600$

son Cos. 9. 999080
9. 451805
Log. SN 9. 450885
1. 619274
1. 070159
:
:
$\frac{SN}{SI^3} = 11.\ 753$
86. 302
$\Phi = 98.\ 055$

Log. 2 = 0. 301030
Log. SC = 9. 483044
Log. SN = 9. 450885
Log. 2SC×SN = 9. 234959 son nombre 0, 171775

. . SI = 0, 083269
SC² = 0, 092491
SI² + SC² = 0, 175760
− 2SC×SN = − 0, 171775
0, 003985 = IC² son log. 7. 600428
moitié 8. 802214
IC³ 6. 400642
Suppl. 3. 599358

. . SN = 0, 28241
CS = 0, 30412
CN = 0, 02171 . . son log. 8. 336660
$\frac{1}{IC^3}$ . . 3. 599358
1. 936018
:
$\frac{CN}{IC^3} = 86,\ 302$

Avec cette anomalie moyenne prenés dans les tables de HALLEY, l'equation du Centre que vous trouverés de + $5^d\ 26'\ 38''$. et le logarithme 5, 712209. de la distance, du quel retranchant 1, 251967. (log. de la dist. moy. de la Cométe au Soleil) vous aurés 9. 460242. pour le log. de SI. distance de Jupiter au Soleil, lorsque l'unité est le demi grand axe de l'orbite de la Cométe. Appliqués ensuite cette équation du centre à l'anomalie moyenne et ajoutés à leur somme le lieu $6^s\ 9^\circ\ 13'\ 0''$. de l'aphelie de Jupiter, et vous aurés $3^s\ 1^\circ\ 13'\ 38''$. pour ♈ ♃ ou la longitude vraye de ♃. *Fig. IV.*

De cette longitude retranchés ♈ ☊, ou le lieu du noeud et vous aurés la distance de Jupiter au noeud des orbites calculée sur l'orbite de Jupiter, c'est à dire, ☊ ♃ = $1^s\ 7^d\ 39'\ 38''$. Prenant alors la tangente et le sinus logarithmes de cette distance, et y ajoutant respectivement le log. cosinus et le log. sinus de $18^\circ 38'\ 0''$. (inclin. mutuelle des deux orbites) vous aurés la tangente de ☊ ♃ reduit sur l'orbite de la Cométe, qui sera de $1^s\ 6^d\ 10'\ 44''$, et sa latitude I S *i* de Jupiter qui sera de $11^d\ 15'\ 26''$. Ajoutés maintenant à ☊ S *i* ou ☊ ♃, ainsi reduit, l'angle PS ☊ de $3^s\ 22^d\ 12'\ 0''$. compris entre le noeud et le perihelie, et vous aurés l'angle PS*i* de $4^s\ 28^\circ\ 22'\ 44''$. du quel vous retrancherés $4^s\ 24^d\ 39'\ 0''$. qui est l'anomalie vraye de la Cométe correspondante à l'anomalie excentrique $1^s\ 14^\circ$. La difference de ces deux angles sera l'angle *i*S C, ou la commutation des deux astres qui sera de $0^s\ 3^\circ 43'\ 44''$. Cela fait ajoutés au log. sinus et au log. Cosinus de cet Angle, le log. de S*i*, ou SI racourci sur l'orbite que vous formerés en ajoutant au log. de SI le cos. log. de la latitude IS*i* de Jupiter, et vous aurés les logarithmes de N*i* et de SN. A ces logarithmes ajoutés le supplément de log. SI^3 et vous aurés en repassant aux nombres les valeurs 0, 76600. et 11, 753. de $\frac{Ni}{SI^3}$ et $\frac{SN}{SI^3}$ qui sont les forces que Jupiter exerce sur le Soleil suivant *i*N et *i*S. Quant à celles que le même astre exerce sur la Cométe, lesquelles sont exprimées généralement par $\frac{CN}{IC^3}$ suivant CS, et par $\frac{Ni}{IC^3}$ suivant N*i*, il faudra commencer par chercher IC^2 pour avoir ces forces.

La valeur de IC^2 étant $SC^2 + SI^2 - 2SC \times SN$, prenés d'abord SC^2 que vous trouverés de 0, 092491. par la table des dimensions de l'orbite, et ajoutés y 0, 083629. valeur de SI^2 que vous aurés par le logarithme de SI cy dessus determiné.

De

De la somme 0, 175760. retranchés 0, 171775. que vous aurés en ajoutant au log. SC. le log. SN. cy dessus trouvé, et le nombre constant 0, 301030. log. du Nombre 2.

Ayant par ce moyen 0, 003985. pour IC^2, vous en prendrés le logarithme, lequel ajouté avec sa moitié donnera 6, 400642 dont le supplement 3, 599358. est le log. de $\frac{1}{IC^3}$.

Ajoutés ce logarithme avec celui de Ni déja trouvé et vous aurés le log. de $\frac{Ni}{IC^3}$ ou de la force avec laquelle Jupiter attire la Cométe suivant Ni, et cette force qui est ainsi exprimée par $-73, 167$, étant jointe avec l'autre force $+0, 766$. que Jupiter exerce sur le Soleil, donnera $-72, 401$. pour la valeur entiere de π ou de la force perturbatrice de Jupiter sur la Cométe dans la direction Ni, negative ici à cause quelle tend à diminuer l'aire.

Quant à la force $\frac{CN}{IC^3}$ avec laquelle Jupiter attire la Cométe suivant CS, elle se calcule en ajoutant le log. $\frac{1}{IC^3}$ avec le log. de CN, ou de CS—SN. et cette force dont la valeur est ainsi 86, 302. étant jointe avec 11, 753. cy dessus trouvé, pour la force dans le même sens qui est exercée sur le Soleil, donnera 98, 055. pour la force perturbatrice totale Φ.

Dans ces valeurs de Φ et de π, on a omis le coefficient qui denote le rapport de la masse de Jupiter à celle du Soleil. Ainsi les valeurs qui en resulteront pour le tems cherché devront être multipliées par $\frac{360^d}{1067} \times 75^{ans}\frac{1}{2}$, c'est à dire par $4, 11338^{jours}$.

Pour expliquer maintenant comment toutes les opérations que nous venons de faire numeriquement, se peuvent executer lorsqu'on a laissé une indeterminée dans la valeur de l'anomalie excentrique, nous avons préalablement besoin des lemmes suivans.

§. IV.

Formules pour passer de l'anomalie moyenne de Jupiter à son anomalie vraie, et à sa distance au Soleil.

Si A designe l'anomalie moyenne de Jupiter, et qu'on se serve des elemens de la Theorie de Jupiter, employés par Halley, on aura pour la valeur de l'anomalie vraie

$A - 0.096408 \sin. A + 0, 0029036 \sin. 2A - 0, 0001214 \sin. 3A$

Et

Et pour exprimer la diſtance.

1, 0011624 + 0, 048176 coſ. A — 0, 0011624 coſ. 2 A + 0, 000042 coſ. 3 A, en ſuppoſant que l'unité ſoit la moyenne diſtance de Jupiter.

Mais ſi on veut que l'unité ſoit le demi-diamètre de l'orbite de la Cométe, la valeur de SI ou de la diſtance de Jupiter au Soleil ſera

0, 291491 + 0, 014027 coſ. A — 0, 000338. coſ. 2 A + 0, 000013. coſ. 3 A.

§. V.

Formules pour calculer la relation que les angles qui expriment les diſtances de Jupiter au noeud ſur l'orbite de la Cométe, ont avec les angles qui deſignent les mêmes diſtances ſur l'orbite de Jupiter.

Que l'inclination des deux orbites ſoit exprimée par m

La diſtance de Jupiter au noeud ſur l'orbite de cette Planéte dans un moment donné - - - a

Cette même diſtance ſur le plan de l'orbite de la Cométe - - - - b

La diſtance de Jupiter au noeud ſur ſon orbite pour un tems quelconque different du premier - - $a-x$

Sa diſtance ſur le plan de l'orbite de la Cométe au même inſtant - - - - $b-y$

On aura par les regles de la Trigonometrie Spherique

$$\text{coſ. m tang. a} = \text{tang. b.}$$

$$\text{Et coſ. m tang. } (a-x) = \text{tang. } (b-y)$$

Mais cette derniere équation ſe change aiſement en

$$\text{coſ. m } \frac{(\text{tang. a} - \text{tang. x})}{1 + \text{tang. a tang. x}} = \frac{\text{tang. b} - \text{tang. y.}}{1 + \text{tang. b tang. y.}}$$

laquelle par la ſubſtitution de coſ. m tang. a au lieu de tang. b donne tout de ſuite la valeur de tang. y.

Cette valeur en faiſant - - $c = \frac{\text{coſ. m. coſ. b}^2}{\text{coſ. a}^2}$

et $f = \text{ſin. m}^2 \text{ coſ. b}^2 \text{ tang. a.}$

s'exprime ainſi - $\text{tang. y} = \frac{\text{c. tang. x}}{1 + \text{f. tang. x.}}$

Pour avoir maintenant la relation entre les angles mêmes x et y, on ſubſtituera à la place des tangentes, leurs valeurs en angles, leſquelles dans la ſuppoſition que x et y n'ont que peu de

 degrés

degrés, feront suffisamment bien determinées par tang. $X = x + \frac{1}{3}x^3$ et tang. $y = y + \frac{1}{3}y^3$.

Cette opération étant faite on trouvera

$$y = cx - cfx^2 + \left(f^2c + \frac{c}{3} - \frac{c^3}{3}\right)x^3$$

§. VI.

L'anomalie excentrique de la Comète pour un instant proposé étant designée par $a+q$ où q est un arc de peu de degrés, trouver la distance de la Comète au Soleil et son anomalie vraie pour le même moment, ainsi que le mouvement moyen de Jupiter correspondant au tems écoulé depuis le passage au Peribelie.

Si l'on garde les denominations de la Section précédente et qu'on nomme de plus - - n le rapport du mouvement moyen de Jupiter à celui de la Cométe, la question sera reduite à faire usage des Equations

$$r = 1 - e \text{ cos. } x. \quad nz = nx - ne \text{ sin. } x, \quad \text{et } v = \int \frac{dx\sqrt{(1-ee)}}{r}$$

après la substitution de $a+q$. à la place de x.

Or cette substitution dans les deux équations premieres, est assés facile par les formules connues des sinus et cosinus. On en tire presque tout de suite

$$r = 1 - e \text{ cos. } a + eq \text{ sin. } a - \tfrac{1}{2}eq^2 \text{ cos. } a - \frac{eq^3}{6} \text{ sin. } a$$

$$nz = na - ne \text{ sin. } a + n(1 - e \text{ cos. } a)\, q + \tfrac{1}{2}nq^2 \text{ sin. } a + \tfrac{1}{6}enq^3 \text{ sin. } a$$

Quant à la valeur de v, elle deviendra d'abord par la substitution:

$$v = \int \frac{dq\sqrt{(1-ee)}}{1 - e \text{ cos. } a + eq \text{ sin. } a - \frac{1}{2}eq^2 \text{ cos. } a.}$$

où l'on a négligé le terme affecté de q^3 parceque ce terme donneroit des q^4 dans la valeur v, auxquels il n'est pas necessaire d'avoir égard ici.

Si l'on fait maintenant passer les termes affectés de q et de q^2 au numerateur, suivant les principes ordinaires de cette opération, on aura après l'integration

$$v = \frac{q\sqrt{(1-ee)}}{1 - e \text{ cos } a} - \frac{q^2 e \text{ sin. } a\sqrt{(1-ee)}}{2(1 - e \text{ cos. } a)^2}$$

$$+ \tfrac{1}{3}q^3\left(\frac{e^2 \text{ sin. } a^2}{(1 - e \text{ cos. } a)^3} + \frac{\frac{1}{2}e \text{ cos. } a}{(1 - e \text{ cos. } a)^2}\right)\sqrt{(1-ee)}$$

§. VII.

§. VII.

Determination des forces Φ et π, pour le moment où la Cométe de 1682 avoit une anomalie excentrique de $1^s\ 14^d + q$, avant le passage au Perihelie.

Si l'on substitue 44^d à la place de *a* dans les formules du lemme précédent, on aura

1°. pour SC, ou la distance de la Cométe au Soleil:

$r = 0,30412 + 0,67200\,q + 0,34794\,q^2 - 0,11200\,q^3$

et par consequent pour SC^2:

$r^2 = 0.0924890 + 0,408737\,q + 0,663215\,q^2 + 0,399510\,q^3$

2°. pour l'anomalie vraie PSC:

$v = 4^s\ 29^d\ 39'\ 0'' + 0,83285\,q - 0,92017\,q^2 + 1,0379\,q^3$

3°. pour nz ou le mouvement moyen de Jupiter, en mettant pour n sa valeur 6,36785.

$1^s\ 5^d\ 0'\ 0'' + 1,93658\,q + 2,13962\,q^2 + 0,73861\,q^3$.

Si on retranche maintenant ce mouvement moyen de Jupiter, de l'anomalie moyenne que ce même astre avoit pendant que la Cométe étoit au Perihelie de 1682, laquelle anomalie moyenne étoit . . . . . $9^s\ 21^d\ 39'\ 0''$.
on aura pour l'anomalie moyenne de Jupiter au moment proposé

$8^s\ 16^d\ 39'\ 0'' - 1,93658\,q - 2,13962\,q^2 - 0,73861\,q^3$.

Avec cette anomalie moyenne et les formules du §. IV. on aura pour l'anomalie vraye de Jupiter au même instant

$8^s\ 22^d\ 5'\ 38'' - 1,96919\,q - 2,36133\,q^2 - 0,4103\,q^3$.

et pour la distance SI de Jupiter au Soleil en parties dont l'unité est la moyenne distance de la Cométe

$SI = 0,283562 - 0,026961\,q - 0,019906\,q^2 + 0,021837\,q^3$

qui donnera

$SI^2 = 0,083268 - 0,015560\,q^2 - 0,010761\,q^2 + 0,013677\,q^3$

et $\frac{1}{SI^3} = 41,6182 + 11,6654\,q + 10,7928\,q^2 - 6,5689\,q^3$.

Si on ajoute le lieu $6^s\ 9^d\ 13'\ 0''$. de l'Aphelie de Jupiter, à son anomalie vraie qu'on vient de trouver, et qu'on retranche de leur somme le lieu $1^s\ 23^d\ 29'\ 0''$ du noeud, on aura pour la distance de Jupiter au noeud sur son orbite

☊ ♃ $= 1^s\ 7^d\ 39'\ 38'' - 1,96919\,q - 2,36133\,q^2 - 0,4103\,q^3$

par

par le moyen de cette distance et des formules du §. V. en faisant

$a = 1^s\ 7^d\ 39'\ 38''$

$x = 1,96919\,q + 2,36133\,q^2 + 0,4103\,q^3$

$m = 18^d\ 38'\ 0''$.

on aura pour $b - y$ ou la distance ☊ ♃ reduite sur le plan de l'orbite de la Cométe, c'est à dire,

☊ $Si = 1^s\ 6^d\ 10'\ 45'' - 1,93991\,q - 2,13012\,q^2 + 0,15994\,q^3$

Or si à cet angle on ajoute l'angle PS☊ de $3^s\ 22^d\ 12'\ 0''$ et que l'on retranche de leur somme l'angle v ou PSC, cy dessus trouvé, on trouvera la commutation des deux astres

$iSC = 0^s\ 3^d\ 43'\ 45'' - 2,77276\,q - 1,20995\,q^2 - 0,8780\,q^3$

dont on cherchera les Sinus et Cosinus, cequi donnera

$\text{Cos. } iSC = 0,997883 + 0,18034\,q - 3,75727\,q^2 - 3,52178\,q^3$

$\text{Sin. } iSC = 0,065040 - 2,76689\,q - 1,45741\,q^2 + 2,45103\,q^3$

expressions qu'il faut multiplier par Si pour les pouvoir substituer dans les expressions générales des forces.

$$\varphi = \frac{Si \text{ cos. } iSC}{SI^3} + \frac{SC - Si \text{ cos. } iSC}{(iS^2 + SC^2 - 2\,Si \times SC \times \text{cos. } iSC)^{\frac{3}{2}}}$$

$$\pi = \frac{Si \times \text{sin. } iSC}{SI^3} - \frac{Si \times \text{sin. } iSC}{(iS^2 + SC^2 - 2\,Si \times SC \times \text{cos. } iSC)^{\frac{3}{2}}}$$

Et pour avoir la valeur de Si, il faudra multiplier la valeur de Si trouvée précédemment par le cosinus de la latitude, c'est à dire, par le cosinus de l'angle dont le sinus est le produit de 0, 319511 (sinus de $18^d\ 38'$ inclinaison des deux orbites) par le sinus de ☊ ♃ ou de $1^s\ 7^d\ 39'\ 38'' - 1,96919\,q - 2,36133\,q^2 - 0,4103\,q^3$ produit qui donne pour le sinus de la latitude

$0,19522 - 0,25294\,q - 0,09761\,q^2 + 0,04216\,q^3$ Et par consequent pour le cosinus qui lui repond

cos. lat ♃ $= 0,980755 + 0,099143\,q + 0,062752\,q^2 - 0,360216\,q^3$.

Si étant donc le produit de cette derniere quantité par SI trouvée cy dessus, sa valeur sera

$Si = 0,28301 + 0,002167\,q - 0,004088\,q^2 - 0,086193\,q^3$.

Nous avons maintenant toutes les parties qui composent l'expression des forces, et il n'est plus question que de faire les substitutions qui les rassemblent. Cette opération faite, il viendra

$$\pi = 0,76607 - 32,3431\,q - 26,3536\,q^2 + 15,5263\,q^3 - \frac{0,018407 - 0,78291\,q - 0,41872\,q^2 + 0,69621\,q^3}{(0,003985 - 0,018743\,q + 1,03447\,q^2 + 2,53974\,q^3 + 2,21\,q^4)^{\frac{3}{2}}}$$

$\varphi =$

$$\Phi = 11,7533 + 5,5085\, q + 40,8096\, q^2 - 59,1779\, q^3 + \frac{0,021710 + 0,61880\, q + 1,41666\, q^2 + 0,97959\, q^3}{(0,003985 - 0,018743\, q + 1,03447\, q^2 + 2,53974\, q^3 + 2,21\, q^4)^{\frac{3}{2}}}$$

Nous remarquerons à l'égard des termes affectés de q^4 que l'on trouve dans les diviſeurs de ces deux fractions, qu'ils ſont venus en formant le produit 2 SC.×Si.× coſ. iSC. On n'a point crû devoir les negliger dans ce terme, comme dans les autres, parce qu'ils avoient un coefficient beaucoup plus conſiderable, et quils ne devenoient pas indifferents dans la determination de la valeur de IC^3, quantité qui étant aſſés petite en cette rencontre, et placée au denominateur, demande d'être calculée avec encore plus de ſoin que tout le reſte du calcul. Quoique nous ne nous ſoyons apperçû de la neceſſité d'employer les q^4 dans la valeur de IC^3, qu'après avoir terminé la plus grande partie des calculs qui la donnoient, nous nous flattons d'être revenus avec aſſés de ſoin ſur toutes les opérations pour être aſſurés que notre coefficient de q^4 eſt ſuffiſamment bien determiné.

Au reſte, afin de detruire les doutes qui pourroient naître dans l'eſprit du lecteur, ſur la juſteſſe des calculs précédents qui ſont composés d'un ſi grand nombre d'opérations, nous ferons obſerver qu'à chacune de ces opérations on a fait une verification particuliere, en ſuppoſant que q fut de 5^d, et en comparant le reſultat de la partie du travail deja fait, avec celui qui y repondoit dans le calcul direct, plus ſimple et purement numerique des forces Φ et π relatives à $1^s\ 19^d$ d'anomalie excentrique.

§. VIII.

Uſage des valeurs précédentes de Φ et de π pour determiner l'alteration periodique quelles ont produit.

Après avoir trouvé une expreſſion des forces Φ et π qui convient à tout l'arc de l'orbite dans lequel nous avons voulu calculer l'effet de ces forces, il n'eſt plus queſtion que de ſubſtituer cette expreſſion dans la formule $\int\left(\frac{2\pi\sqrt{(1-ee)} + 2e\,\sin. x}{1067}\right) dx$ qui deſigne l'alteration ζ de la moyenne diſtance, due à l'action des forces Φ et π. Cette derniere ſubſtitution étant faite, on a pour l'alteration cherchée, l'integrale de

 0,015158

$$0,015168\,dq + 0,006914\,q\,dq - 0,064121\,q^2 - 0,121641\,q^3\,dq$$

$$+ \frac{0,000018607\,dq + 0,0011705\,q\,dq + 0,0027767\,q^2\,dq + 0,0023568\,q^3\,dq}{(0,003985 - 0,018743\,q + 1,03447\,q^2 + 2,53974\,q^3 + 2,21\,q^4)^{\frac{3}{2}}}$$

integrale dont la premiere moitié se trouve tout de suite, et dont la seconde seroit en partie algebrique et en partie reductible aux logarithmes, sans les termes affectés de q^3 et de q^4. Mais si ces termes s'opposent à la reduction exacte qu'on desireroit, la petitesse de la variable q qu'ils renferment offre differentes methodes d'approximation qui peuvent y suppléer, et que les Analystes imagineront facilement. Le resultat des opérations qu'exigeoit celui des expediens qui s'est présenté le premier à nous, a fourni 0, 013502 pour l'alteration cherchée ζ de la moyenne distance produite pendant l'arc dont les anomalies excentriques sont renfermées entre $1^s\ 14^\circ + 5^d$ et $1^s\ 14^\circ - 5^d$. Multipliant donc cette valeur de ζ par $\frac{3}{2}$ et par 27577 jours, tems de la revolution moyenne, il est venu 558, 52 jours pour le retardement causé à la troisieme periode par l'effet des forces de Jupiter sur la partie de la 2de revolution comprise dans les limites susdites.

Or si on joint à cette augmentation 115, 49 jours qui seroient l'effet de l'action de Jupiter sur tout le reste du quart EP compris entre 1675 et 1682, comme il est aisé de s'en assurer par une opération qui depend des nombres rapportés dans la Theorie des Cométes, on aura 674, 01 jours pour le retardement, causé par Jupiter pendant tout le quart EP'.

TROISIEME

TROISIEME SECTION.

Ou l'on rassemble les resultats de toutes les opérations qui ont servi à composer les actions de Jupiter et de Saturne pendant les trois periodes connues de la Cométe de 1759.

---

§. I.

Alteration de la periode $\frac{1531}{607}$ due à l'action de Jupiter.

On trouve p. 82 de la Theorie des Cométes que l'action de Jupiter pendant le quart PD $\frac{1531}{31}$, a produit dans le tems de sa description une alteration de - - - jours 2, 30

Et que cette même action par le changement qu'elle a causé aux elemens de la Cométe, a alteré le tems qu'il lui falloit pour parcourir les trois quarts suivants de + 160, 58.

P. 187. on trouve pour l'alteration de ces mêmes trois quarts d'orbite DAEP' due à l'action de Jupiter sur le Soleil pendant la moitié superieure DAE - - - 110, 35

Quant à l'effet de l'action directe de Jupiter sur la Cométe pendant la même moitié DAE, nous ne reprenons pas ici ce qu'on avoit trouvé pour cet objet dans la Theorie des Cométes (p. 91.) parce qu'en examinant le calcul de cette partie nous y avons trouvé une inadvertance qui en change le resultat. Cette inadvertance est que la valeur de la quantité, *a*, a été prise en — au lieu d'être prise en +, comme elle le devoit.

Par le calcul particulier que cette remarque et la defiance qu'elle nous a inspiré ont occasionné, nous avons trouvé que l'alteration en question étoit - - 55, 46.

P. 94. on trouve pour l'action entiere de Jupiter pendant le dernier quart EP' de l'orbite decrite dans la premiere revolution - - - + 2, 09

Ce qui donne ainsi pour la perturbation totale causée par Jupiter pendant la premiere revolution - - jours — 5, 49

C'est

C'est à dire, que si R represente la periode qui auroit lieu sans perturbation, la periode due à l'action de Jupiter est R — 5, 49 jours.

§. II.

Alteration de la même periode due à l'action de Saturne.

On trouve p. 121. que l'action de Saturne sur la Cométe pendant PD $\frac{1531}{38}$, celle qui a lieu sur le Soleil étant mise à part, a produit - - - - . . . 6, 23 jours.

Que l'alteration de DAEP qui a resulté de la même action pendant PD, a été - - - 94, 21

P. 120. que l'action de Saturne sur la Cométe pendant la moitié DAE a alteré DAE de - - - 19, 76.

P. 126. que l'action de Saturne sur la Cométe pendant le dernier quart EP a causé une alteration de - — 0, 52.

Enfin p. 140 on voit que l'alteration de la periode $\frac{1531}{607}$ provenue de l'action de Saturne sur le Soleil pendant toute cette periode a été de - - - - 56, 72.

On a donc pour l'alteration totale de cette revolution en consequence de l'action de Saturne - - 177, 44.

Donc R — 5, 49 jours — 177, 44 jours, ou R — 182, 93 jours, est l'expression de la premiere revolution en y comprenant les alterations causées par les deux Planétes perturbatrices.

§. III.

De la durée qu'auroit eû la revolution $\frac{1607}{82}$, si son alteration n'avoit été produite que par le changement des élemens de son orbite dûs à l'action de Jupiter pendant la revolution précédente.

P. 85. on voit que l'alteration periodique qui resulte de l'action de Jupiter pendant PD $\frac{1531}{38}$ est de - - + 155, 50 jours.

P. 87. que celle qui vient de l'action de Jupiter sur le Soleil pendant DAE est - - - — 26, 79.

Par

Par le nouveau calcul dont nous venons de parler (§. I.) on a pour l'alteration periodique due à l'action directe de Jupiter sur la Cométe pendant DAE - - +0, 31.

Enfin p. 95. on trouve - - — 166, 30. pour l'alteration periodique due à l'action de Jupiter pendant EP $\frac{1600}{7}$

Ajoutant toutes ces quantités on a pour l'alteration periodique entiere due à l'action de Jupiter pendant la revolution $\frac{1531}{607}$ - - - jours — 37, 28.

§. IV.

Alteration periodique due à Saturne pendant la revolution $\frac{1531}{607}$

P. 121. L'alteration periodique due à l'action de Saturne sur la Cométe seule pendant PD $\frac{1531}{138}$ est - - jours — 100, 68.

P. 124. Celle qui vient de la même action pendant DAL est - - - - +1, 97.

P. 127. L'action semblable qui a lieu pendant EP' - +36, 52.

P. 141. L'alteration periodique due à l'action de Saturne sur le Soleil pendant toute la revolution $\frac{1531}{607}$ - - — 90, 75.

La somme de toutes ces quantités produit pour l'alteration periodique totale due à Saturne pendant la premiere revolution - - - jours — 152, 90.

Et en ajoutant ce nombre de jours avec les jours — 37, 28. rapportés dans le §. précédent, on aura R — jours 190, 18. pour la durée de la seconde revolution en ne faisant attention qu'aux actions exercées pendant la periode précédente.

§. V.

Alteration de la periode $\frac{1607}{82}$ *due à l'action de Jupiter pendant cette periode.*

P. 108. on trouve pour l'effet de l'action de Jupiter pendant PD $\frac{1607}{15}$ - - - jours +9, 49.

Pour ce que cette même action pendant PD produit d'alteration aux trois quarts suivans - - —500, 21.

P. 100. Pour l'alteration dans ces mêmes trois quarts en conséquence de l'action de Jupiter sur le Soleil pendant sa moitié superieure - - - + 128, 75.

P. 104. Pour l'alteration dans le même espace, due à l'action directe de Jupiter sur la Cométe pendant DAE - —47, 15.

P. 107. Enfin pour l'action de Jupiter pendant le dernier quart EP $\frac{1675}{82}$ - - - — 10, 43.

D'où l'alteration totale due à l'action de Jupiter pendant la seconde revolution monte à - - jours —420, 05.

§. VI.

Alteration de la même periode par l'action de Saturne.

P. 127. On trouve pour l'effet de l'action de Saturne pendant le quart PD $\frac{1607}{15}$ - - jours + 0, 25.

Pour ce que cette même action produit d'alteration dans les trois quarts suivans - - + 40, 52.

Pour l'alteration de ces mêmes trois quarts par l'action de Saturne sur le Soleil DAE - - - — 28, 65.

P. 226. Pour ce que l'action directe de Saturne sur la Cométe pendant DAE a produit sur le même espace DAEP' — 19, 57.

P. 137. Pour l'action de Saturne sur la Cométe seule pendant le dernier quart - - — 0, 26.

Et pour celle de Saturne sur le Soleil dans le même dernier quart - - - - — 0, 47.

Rassemblant toutes ces quantités on a pour l'action entiere de Saturne pendant la seconde revolution - - jours — 8, 18.

§. VII.

Comparaison des deux revolutions $\frac{1531}{607}$ et $\frac{1607}{82}$.

En joignant les resultats des deux §. précédens, on aura jours — 428, 23. pour l'alteration que les deux Planétes superieures ont produit à la seconde revolution de notre Cométe. Et comme cette

cette seconde revolution (§. IV.) independamment de cette action auroit été exprimée par R — 190^{jours}, 18. nous aurons donc R — 190^{jours}, 18 — 428^{jours}, 23. ou R — 618^{jours}, 41. pour l'expression totale de la seconde revolution, en supposant toujours que R eut été la revolution constante qui auroit eu lieu depuis 1531, si Jupiter et Saturne eussent cessé leur action après le passage de la Cométe à son perihelie de 1531.

Qu'on prenne maintenant la difference des quantités

R — 618^{jours}, 41
et R — 182, 93.

qui conviennent aux deux premieres revolutions, et l'on aura 435^{jours}, 48. pour l'excés de la premiere sur la seconde, ce qui ne differe que d'environ 23 jours du tems que les observations ont fourni.

§. VIII.

Alteration periodique due à l'action de Jupiter sur la Cométe pendant la seconde revolution $\frac{1607}{82}$.

P. 109. On trouve que l'alteration periodique due à l'action de Jupiter pendant PO $\frac{1607}{15}$ est - - — 488^{jours}, 11.

Que celle qui vient de l'action de Jupiter sur le Soleil pendant DAE est - - - + 198, 53.

Celle qui vient de l'action de Jupiter sur la Cométe pendant le même espace - - - + 3, 56.

Et par l'opération expliquée dans la section précédente nous avons eu pour l'alteration periodique produite par l'action pendant EP′ $\frac{1675}{82}$ - - - - + 674, 01.

Donc par l'addition de toutes ces alterations on aura - - - - + 387^{jours}, 99.

pour ce que la troisieme periode a reçû d'augmentation par l'action de Jupiter pendant la seconde periode.

§. IX.

Alteration periodique due à Saturne pendant la même revolution.

P. 217. On trouve par l'alteration periodique que l'action entiere de Saturne a produit pendant l'espace PD $\frac{1607}{15}$ jours + 40, 41.

P. 218. Pour celle que donne l'action de Saturne sur le Soleil pendant DAE - - - — 59, 26.

P. 131. Pour celle qui vient de l'action de Saturne sur la Cométe pendant le même espace - - — 4, 41.

P. 137. Pour l'alteration due à l'action de Saturne sur la Cométe seule pendant EP' $\frac{1675}{82}$ - - + 47, 81.

P. 220. Pour celle de l'action de Saturne sur le Soleil pendant le même espace - - - + 77, 99.

Si l'on somme toutes ces quantités il vient pour l'alteration periodique causée par Saturne pendant la revolution $\frac{1607}{82}$ - - - jours + 102, 59.

Or joignant cette alteration à celle qu'a causé Jupiter pendant le même intervalle, laquelle est rapporté dans le §. précédent, on aura R' + 387 jours ; 99 + 102 jours, 57. ou R' + 490 jours, 56.

pour la revolution $\frac{1682}{759}$, en supposant que les Planétes perturbatrices n'eussent agi que depuis 1607 jusqu'à 1682, et que R' designat ce que cette même revolution $\frac{1607}{82}$ auroit été sans la perturbation.

§. X.

Action de Jupiter pendant la troisième periode $\frac{1682}{759}$.

P. 118. On trouve que l'action de Jupiter pendant ID $\frac{1682}{59}$ a produit - - - jours — 16, 11.

Que l'alteration pendant DAEP' qui en resulte a été - - - - — 165, 02.

Que l'alteration pour le même espace due à l'action de Jupiter sur le Soleil pendant DAE - - — 67, 17.

Celle qui a lieu dans le même espace DAEP' par l'action de Jupiter sur la Cométe - - — 50, 64.

Enfin

Enfin que l'action pendant E P' $\frac{1751}{59}$ a fourni — 2, 28.

Ce qui a produit par conséquent pour toute l'alteration due à Jupiter pendant la derniere periode - — 30^{jours}, 22.

§. XI.

Action de Saturne pendant la même revolution.

P. 145. L'action de Saturne sur la Cométe seule pendant P D $\frac{1682}{89}$ a produit - - - + 4^{jours}, 00.

P. 122. L'action de Saturne sur le Soleil pendant le même espace - - - — 1, 80.

P. 146. L'alteration par D A E P qui resulte de l'action de Saturne sur la Cométe pendant P D - + 38, 65.

Celle qui a eu lieu dans le même espace, par l'action de Saturne sur le Soleil - - - — 67^{jours}, 88.

P. 228. L'alteration de D A E P' due à l'action de Saturne sur la Cométe pendant D A E - - — 14, 54.

P. 222. L'alteration du même espace due à l'action de Saturne sur le Soleil - - + 32, 12.

P. 154. L'alteration due à l'action de Saturne sur la Cométe pendant E P' - - - — 0, 9.

Et celle du même espace par l'action sur le Soleil + 0, 35.

Quantités dont la somme fournit - — 9^{jours}, 39.
pour l'effet de Saturne pendant la derniere revolution.

§. XII.

Comparaison des revolutions $\frac{1607}{82}$ et $\frac{1682}{759}$.

Joignant les resultats des deux paragraphes précédens, nous aurons — 301^{jours}, 22 — 9^{jours}, 49. ou — 310^{jours}, 71. pour la perturbation causée dans la troisième periode de notre Cométe par l'action des deux Planétes perturbatrices, et comme R' + 490^{jours}, 56 (§. IX.) auroit designé cette periode en consequence des derangemens causés aux élémens de l'orbite par l'action pendant la periode précédente, il s'ensuit que

R′ + 490, 56 (jours) — 310, 71. ou R′ + 179, 85 (jours).
designe la troisième revolution.

Mais on vient de voir (§. VIII.) que l'action des mêmes Planétes a produit — 428, 23 (jours), d'alteration pendant la seconde revolution, ce qui a fait exprimer cette periode par R — 428, 25 (jours). Il ne faut donc plus que prendre la difference des quantités

R′ — 428, 23
et R′ + 179, 85.

pour avoir ce dont la troisième periode a dû être plus longue que la seconde. Cet excés conclû par la Theorie est ainsi de - - - - - — 608, 08.

Ce qui ne differe que d'environ 19 jours du tems determiné par les observations.

QUATRIEME SECTION.

Des alterations que la resistance de l'ether pourroit apporter au mouvement des Cométes.

L'intensité de cette resistance étant inconnue, notre unique ressource pour sçavoir si elle a causé des alterations sensibles dans les mouvemens des Cométes, est de chercher le rapport de ces alterations à celles que doivent éprouver les Planétes et sur tout la Terre, dont le mouvement est celui que nous connoissons avec le plus d'exactitude. Or comme on est assuré que la revolution annuelle, si elle a changé, n'a pû souffrir qu'une variation extremement légere, on voit d'abord qu'à moins que l'excentricité et la grandeur de l'orbe, n'influent suivant une très grande proportion, la resistance ne sçauroit avoir produit rien de fort considerable dans les retardemens de la Cométe de 1682.

Comme il seroit difficile de découvrir *a priori* la relation de l'excentricité à la resistance, le chemin le plus simple pour resoudre la question que nous nous sommes proposés, est de chercher directement la trajectoire qu'un corps lancé avec une vitesse et une direction quelconques décrit dans un milieu dont la resistance suit

une

nne loi donnée, ſuppoſant toujours que ce corps ſoit attiré vers un centre avec une force inverſement proportionelle aux quarrés des diſtances.

Ce Problème peut ſe rappeller facilement à celui dont la ſolution a ſervi de baſe au problème des trois corps, et qui eſt expoſé au commencement de la premiere ſection de ce memoire. Nous ne ferons donc autre choſe que de donner la modification neceſſaire à cette ſolution pour l'appliquer au cas que nous avons à traiter. Cette methode nous paroit mieux convenir aux Geometres qui viennent de voir la ſolution générale, que ne le feroit l'examen d'une ſolution particuliere du problème des trajectoires, où tout feroit arrangé pour le ſeul cas des reſiſtances.

§. I.

Ou l'on applique aux trajectoires décrites dans des milieux reſiſtans les formules générales du problême des trois corps.

Si l'on garde les denominations de la premiere ſection de ce memoire, et qu'on nomme de plus R la reſiſtance que le projectile eprouve à la fin d'un arc quelconque s de la trajectoire qu'il décrit, on verra que $\Phi = \frac{R\,dr}{ds}$ fera la force que la reſiſtance ajoute à la force $\frac{M}{r^2}$ pour pouſſer le projectile vers le centre des forces, et que $\pi = -\frac{R\,r\,dv}{ds}$ fera la force que la même reſiſtance produit dans la direction perpendiculaire à la force centrale. Le ſigne — eſt mis ici à cauſe qu'en employant la même figure que celle de la ſolution générale, la force π agit du ſens oppoſé à celui qu'elle avoit d'abord. Subſtituant ces valeurs de Φ et π dans la valeur générale de ♎, on verra que les deux premiers termes $\frac{\Phi r^2}{M} + \frac{\pi r\,dr}{M\,dv}$ du numerateur de cette quantité ſe detruiſent mutuellement. Ce qui donne alors ♎ $= -\frac{2e}{1+\varrho}$ dans laquelle ϱ eſt toujours $\int \frac{\pi v^3\,dv}{\sqrt{(1-ee)}}$ c'eſt à dire $-\frac{1}{M\sqrt{(1-ee)}} \times \int \frac{R r^4\,dv^2}{ds}$ ou $-\int \frac{R p^2\,ds}{M\sqrt{(1-ee)}}$, en nommant p la perpendiculaire abaiſſée du centre des forces ſur la tangente de l'orbite.

Maintenant ſi le milieu reſiſte peu, la viteſſe ſera ſenſiblement la même que dans le vuide, et l'on pourra faire (en appellant

V

V la viteſſe) $p = \frac{1}{V}$ dans la valeur de ϱ, ce qui la changera en $\varrho = -\frac{1}{M\sqrt{(1-ee)}} \times \int \frac{R\,ds}{V^2}$ qui ſera fort aiſé à employer, ſoit que R ait pour valeur une ſimple fonction de V et de conſtantes, ſoit que r y entrat auſſi, comme il arriveroit ſi la denſité du milieu varioit relativement à la diſtance au corps central.

§. II.

Modification de la ſolution précédente pour le cas où la reſiſtance eſt ſimplement proportionelle au quarré de la viteſſe.

Dans ce cas le facteur $\frac{R}{V^2}$ n'eſt qu'une conſtante, et la valeur de ϱ ſe reduit à $-\varepsilon s$ (ou ε deſigne une très petite quantité conſtante) et donne par conſequent $\frac{d\varrho}{ds}$ $= -2\varepsilon s$, qui étant ſubſtituée dans la formule générale de la correction du rayon vecteur produira $\xi = \frac{-2 \cdot r e}{1-ee}$ (coſ. $v \int$ coſ. $v\,ds$ + ſin. $v \int$ ſin. $v\,ds - s$)

Quant à la correction du mouvement moyen elle ſera exprimée par $\int \frac{r^2 (2\xi + \varepsilon s)\,dv}{\sqrt{(1-ee)}}$ formules qui donneront facilement le lieu de la Planéte pour un tems quelconque propoſé.

Comme les variations partielles de chaque revolution ſont prèsque inſenſibles, et quil n'y a d'important à conſiderer que les variations totales, qui ont lieu après un grand nombre de revolutions, nous allons chercher directement la quantité dont le mouvement moyen peut être alteré après un tems quelconque.

§. III.

Où l'on applique au cas préſent la formule générale donnée dans le §. I. de la ſeconde ſection.

Nous avons vû dans ce paragraphe qu'en prenant ζ pour deſigner l'alteration que la moyenne diſtance A d'une Planéte quelconque a eprouvé par l'effet de deux forces perturbatrices Φ et π pendant un tems donné, l'équation qui determine cette alteration eſt $\zeta = -\frac{2a}{M}\int \pi\, r\,dv - \frac{2a}{M}\int \Phi\,dr$.

Il n'eſt donc queſtion que de ſubſtituer à la place de π et de Φ les valeurs qu'elles ont dans notre préſent problême. Ainſi en

les

les prenant comme au §. I. précédent dans la plus grande généralité, on aura

$$\zeta = -\frac{2a}{M}\int\frac{Rr^2dv^2}{ds} - \frac{2a}{M}\int\frac{Rdr^2}{ds},$$ qui ſe reduit à $\zeta = -\frac{2}{M}\int Rds$

valeur bien ſimple et bien générale du changement de la moyenne diſtance.

§. IV.

Alteration de la moyenne diſtance lorsque la reſiſtance eſt comme le quarré de la viteſſe.

Si on prend δ pour deſigner la conſtante qui multiplie V^2 dans l'expreſſion de la reſiſtance, on aura pour R l'expreſſion $\frac{2M\delta}{r} - \frac{\delta}{a}$ ce qui changera la valeur précédente de ζ en

$$\zeta = 2\delta\int\left(\frac{2}{r}-\frac{1}{a}\right)ds$$

qui eſt fort aiſée à employer, ſoit que l'orbite ait peu d'excentricité, ſoit qu'elle en ait une conſiderable.

§. V.

Comparaiſon des reſiſtances dans deux orbites également excentriques.

Comme la quantité $\int\left(\frac{2}{r}-\frac{1}{a}\right)ds$ eſt ſans dimenſion, et quelle n'exprime par conſéquent qu'un nombre, il eſt evident que les variations qui arrivent aux moyennes diſtances dans les orbites également excentriques, ſeront les mêmes, comparativement aux moyennes diſtances primitives, ou ce qui revient au même, que les alterations periodiques dues aux reſiſtances ſeront proportionelles aux durées des revolutions mêmes.

§. VI.

Variation periodique cauſée par la reſiſtance dans l'orbite de la Cométe de 1682.

Pour trouver cette variation il faut ſubſtituer dans la formule $\zeta = -2\delta\int\left(\frac{2}{r}-\frac{1}{a}\right)ds$, à la place de r et de ds leurs valeurs a (1—0, 96739 coſ. x) et $adx\sqrt{}$ (1—0, 96739 coſ. x^2)

 On

On aura par ce moyen pour la variation de la moyenne diſtance la quantité $-2\delta\int\frac{(1+0,96739\ \text{coſ.}\ x)^{\frac{3}{2}}dx}{(1-0,56739\ \text{coſ.}\ x)^{\frac{1}{2}}}$ dans laquelle après l'integration on fera x égal à autant de fois 360^d que l'on aura de revolutions à conſiderer.

Or en examinant la courbe dont l'aire répreſente cette quantité, on voit que ſes ordonnées ſont toujours poſitives et toujours de même grandeur aux points qui ſe repondent dans chaque revolution. Delà ſuit qu'une ſeule revolution calculée donnera toutes les autres, et que ſi on a ſeulement pris la peine de quarrer la courbe en entier pour la premiere periode, il ne faudra prendre qu'un ſimple multiple de ſon aire pour avoir l'alteration de la moyenne diſtance après un nombre donné de periodes.

Cette quadrature totale que nous avons calculée nous a fourni $2\delta\,(18,005)$ pour la quantité dont la moyenne diſtance diminue à chaque revolution.

Qu'on ſuppoſe maintenant l'excentricité très petite ou même nulle, on aura $-2\delta\,(360^d)$ ou $-2\delta\,(6,281381)$ pour la même diminution. On voit donc que l'alteration de la moyenne diſtance de notre Cométe n'eſt pas trois fois plus grande que celle d'une Planéte ſans excentricité dont la revolution ſeroit de $75\frac{1}{2}$ ans, c'eſt à dire que l'alteration periodique de cette Cométe cauſée par la reſiſtance de l'éther eſt moins de $3\times75\frac{1}{2}$ fois l'alteration de l'année due à la même cauſe, ce qui ne peut jamais produire qu'un très petit nombre de minutes, vu l'exceſſive petiteſſe du changement que la revolution annuelle a pû ſouffrir.

Clairaut Sur la Comete

Fig. 1.

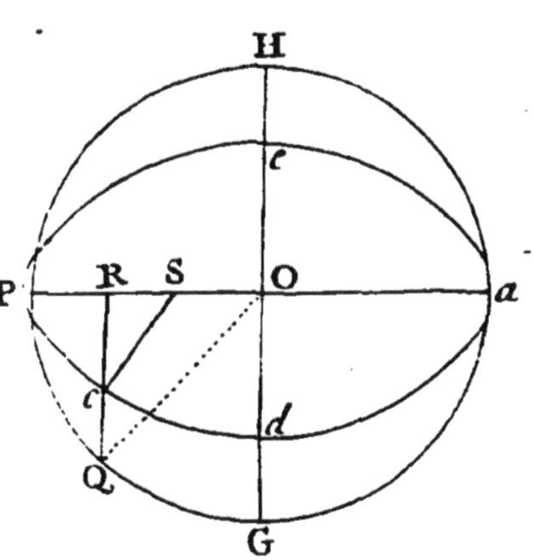

Fig. 2.

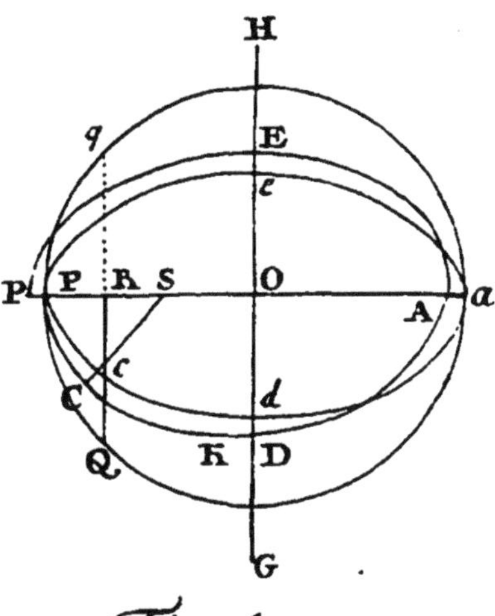

Fig. 3.

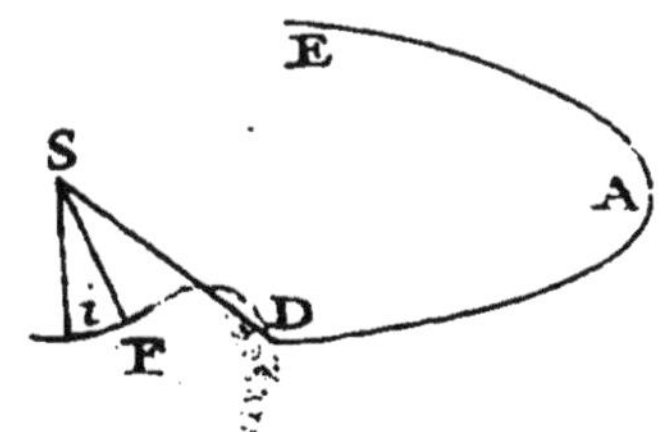

Fig. 4.

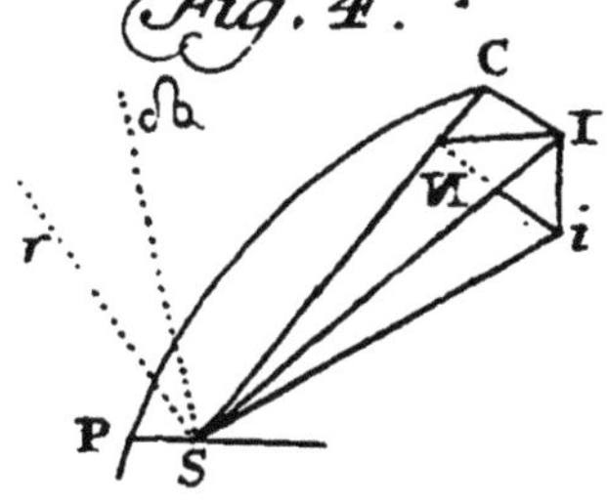

www.ingramcontent.com/pod-product-compliance
Ingram Content Group UK Ltd.
Pitfield, Milton Keynes, MK11 3LW, UK
UKHW012115240726
13965UKWH00004B/1780

9 782013 429801